ISBN 978-3-743-19612-4

Autor : Dr. Hans-J. Dammschneider

Bibliographische Information:
Die Deutsche Nationalbibliothek verzeichnet diese Publikation in der Nationalbibliographie; detaillierte bibliographische Daten sind im Internet über http://www.dnb.d-nb.de abrufbar.

©   : 2017 Inst.für Hydrographie, Geoökologie und Klimawissenschaften,
              Dr. Hans-J. Dammschneider
Herstellung
und Verlag : BoD – Books on Demand, Norderstedt

ISBN   : 978-3-743-19612-4

Auflage   : 2017-1

website   : www.ifhgk.com

Vorwort

Wissenschaft kann kompliziert sein.

Dabei steht am Anfang jeder Forschung fast immer nur das scheinbar so simple **Sammeln** von Fakten und Daten. Das ist, gerade in der Natur, aber doch nicht so einfach, sondern im Gegenteil meist mühsam … zumal bei Themen, in denen die Ozeane und Meere im Mittelpunkt stehen. Da wird es sehr schnell zeit- sowie vor allem kostenintensiv.

Nach dem Zusammentragen vielfältigster Informationen kommt das **Auswerten**. Vielfach ist dies nicht viel mehr als schlichte „Affenarbeit", die Dank komplexer Computertechnologie und der Möglichkeit zur Nutzung (teil-)automatisierter Laborverfahren gegenüber früheren Zeiten glücklicherweise immer leichter fällt.
Allein die Menge an Ergebniszahlen mag dann schon mal den einen oder anderen an die Grenze seiner intellektuellen Fähigkeiten bringen. Das ist nicht bös gemeint, es ist menschlich und fordert nur dazu auf, wenn notwendig und zulässig (?!), auch statistische ´Vereinfachungen´ zu verwenden. Wobei ´notwendig´ eine methodologische Frage ist … .

Am Ende ist Wissenschaft vor allem aber das integrierende **Bewerten** von Indizien. Es ist in erster Linie das Herstellen gedanklich-logischer Verbindungen im Netz der vorliegenden Informationsvielfalt.
Da sind Wissenschaft und Forschung dann fast ein wenig analog zur Kriminalistik. Auch wenn naturwissenschaftliche Daten natürlich nicht bösartig oder gar ´kriminell´ sind. Wiederum können diese "Werte" tatsächlich fehlerhaft sein … das haben sie dann gemein mit gesellschaftspolitischen Unwahrheiten, die manchmal ebenso erst mit anerkannten ´Verfahren´ aufgedeckt und herausgearbeitet werden können. Die „fake news" lassen grüssen.

Manipulierte Daten, falsch zugeordnete Abläufe und, ganz trivial, Wissenslücken sind sicherlich nicht die kleinste Gefahr und leider gelegentlich Ursache für das Entstehen von ´Schieflagen´ in Publikationen … trotz peer-review.

Leider besitzt gerade die Geschichte der ***Forschung zum Klimawandel*** vieles an Irrtümern und Fehlinterpretationen. Es ist sehr schwer, im Geflecht unüberschaubar scheinender Zusammenhänge genau jene Pfade zu finden, die am Ende zur gesicherten Erkenntnis führen. Nicht ganz unschuldig daran ist manchmal auch die Politk. Sie hat, gerade in Deutschland, gewissermassen Leitplanken formuliert, an denen sich die Forschung orientieren soll … jedenfalls dann, wenn sie staatlich finanziert werden will.

 Es scheint durchaus sinnvoll, einmal über alternative Fördermittel nachzudenken … .

Zum Glück ist kein Weg jemals wirklich ganz am Ende! Es gibt *immer* wieder FORT-SCHRITT. Auch, wenn manche bereits glauben, *gerade jetzt* wüssten wir schon alles, was wir wissen müssen … but science is *never* settled.
Somit leistet dieser Band nicht mehr, aber auch nicht weniger als einen Beitrag zum Verständnis des natürlichen Wandels in den Ozeanen und dem davon beeinflussten Klima.

Abstract

To understand the long-term changes in European air temperatures, it is important to view the oceanic cycles of the Pacific (PDO) and the Atlantic (AMO). PDO and AMO, both (together or separately) seem to be the reason for the periodic "up`s and down`s" of temperatures in North America and Europe.

This appears meridional variously intensive. Both cycles, PDO such as AMO, have an influence on development / on temporal trends of air temperatures in distant areas, even not at least on those of Europe, due to the transport of latent energy by the west wind drift.

Hiatus is called the ´rest period of global warming´, characterized by the absence of the expected global average temperature rise as a result of climate change. The oceanic cycles have exceeded their peak since 2000 and are falling. From this follows that the air temperatures in Northern and Central Europe tend to decline and this trend is maintained for the time being.

Given a rough estimate of the PDO and/or AMO previous periodicity, this fundamental temperature drop could last at least until 2020. The quantity in which the measurable temperature drop will have an effect at the end is open. It remains to be seen how deep the expected temperature drop will be in Europe.
The consequences behind the oceanic cycles cannot be seen clearly yet, at the most interpretations can be made. It must be assumed that the cycles (the „up`s and down`s" of PDO and AMO) will continue.

It is important to understand that the contradiction can be clarified between the temperature rise, expected by climate scientists due to the CO2 increase (however, currently in Europe there is no rise) and the postulate, that the energy was sagged in the oceans (it`s not like that in the Nord Atlantic)... if we accept, that the atmospheric and CO2 dependent increase in temperature is imperceptible only, because it is superimposed by the west wind drift and its associated latency of energy transport (e.g. currently rather a negative heat transport).

Although there is a temperature rise/climate change, it is not perceptible in Europe at the moment. It is superimposed by the oceanic cycles and their temperature transport (as said, these are currently negative/falling) ... a kind of "charge" takes place which the climate change in Europe currently masked.

Der sogenannte HIATUS …
die ozeanischen Zyklen als Schlüssel zum Verständnis der Erwärmungspause in Europa?

von Hans-J. Dammschneider

1 Einleitung

Der vorliegende Band ist der dritte in der Schriftenreihe des IFHGK, der sich mit dem Einfluss der ozeanischen Zyklen auf die langfristigen Veränderungen der europäischen Lufttemperaturen beschäftigt. Nachdem Band 1 am Beispiel der Schweiz und Band 2 darüber hinaus für Mitteleuropa gezeigt hat, dass AMO und PDO eine wesentliche Rolle im grossräumigen Muster der Trends von Lufttemperaturen (und auch für die Periodizität des Meeresspiegels) spielen, beschäftigt sich dieser Text mit den Möglichkeiten, die die Zyklen für die Deutung des sogenannten HIATUS liefern.

Im Verlauf des Klimawandels stellt der ´Hiatus´, d.h. eine 1998 einsetzende und seit 18 Jahren anhaltende Pause der globalen Erwärmung, ein wissenschaftliches Problem dar. Denn eine Erklärung für dieses Phänomen, das der gängigen Hypothese immer weiter steigender Temperaturen widerspricht, gibt es bisher nur unvollständig.

Der Begriff Hiatus (deutsch = „Lücke" oder „Zeitraum ohne ´etwas´" / englisch = "a temporary gap, pause, break or absence") an sich unterstellt, dass wir derzeit in einem *vorübergehenden* Zeitabschnitt leben, in dem die Lufttemperaturen nicht weiter ansteigen bzw. sogar absinken.
Dass die Temperaturen im globalen Raum in ihrem Anstieg ´stoppen´, wird von vielen Klimaforschern allerdings bestritten, obwohl zumindest für Europa (aber auch andere *aussertropische* Regionen) kaum zu übersehen ist, dass hier die Lufttemperaturen seit 1998 im Mittel tatsächlich nicht nur ´angehalten´ haben, sondern sogar leicht zurückgegangen sind (siehe Abb. 1 für Deutschland).
Die Zeitphase, die zur Bewertung zur Verfügung steht, mag kurz sein. Aber das Grundmuster, welches diesem Vorgang zugrunde liegen könnte (nämlich die ozeanischen Zyklen), scheint aus der Vergangenheit bekannt (siehe Abb. 2 und Abb. 7 und DAMMSCHNEIDER 2017). Daraus ist natürlich noch kein direkter Beweis ableitbar. Ob die an diesen Zyklen ´hängenden´ Oberflächentemperaturen (ebenso wie der Trend der PDO/AMO, siehe Abb. 2) in den nächsten Jahren weiter ´negativ´ verlaufen werden (siehe Abb. 1 und Abb. 7) ist demnach unbekannt ... obwohl die Wahrscheinlichkeit dafür gross ist.
Entsprechend dieser These würde der HIATUS tatsächlich ´endlich´ sein und mit dem in einigen Jahren wieder zu erwartenden Trendwechsel der AMO/PDO (dann von „negativ" zu „positiv") könnten die Lufttemperaturen Europas auf erneut steigende Werte wechseln.

Dies wird auf den folgenden Seiten Mittelpunkt der Betrachtungen sein.

2 Periodizitäten

„Spätestens mit den Rekordtemperaturen des Jahres 2015, das um 0,87 °C wärmer war als der Durchschnitt der Jahre 1951-1980, ist klar, dass es keine Pause der globalen Erwärmung gab" behauptet das ´populäre´ WIKIPEDIA. Doch diese Aussage ist sehr kritisch zu sehen, zum einen, da sie pauschal fällt und keine regionalen Trends berücksichtigt und zum weiteren, da es sich bei 2015 genau um jenes Jahr handelt, in dem ein ausserordent-

lich starker El-Nino die Welttemperaturen ´ausser der Reihe´ und überdurchschnittlich ange-
hoben hat … das Jahr 2016 war dann u.a. in Deutschland ja auch wieder 0,8 Grad C *unter*
dem des Jahres 2014, d.h. auf dem „vor El-Nino" Niveau.

Der IPCC kommt in seinem fünften Sachstandsbericht von 2013 zu dem Urteil, dass
man „nicht auf eine generelle Abschwächung des globalen Klimawandels schliessen kann,
da … kurzfristige Veränderungen vor allem auf natürliche und interne Schwankungen im
Klimasystem zurückgehen." Die globalen durchschnittlichen Lufttemperaturen würden eine
„ausgeprägte dekadische und jährliche Variabilität" zeigen (WIKIPEDIA zur „Pause der globalen Erwärmung").

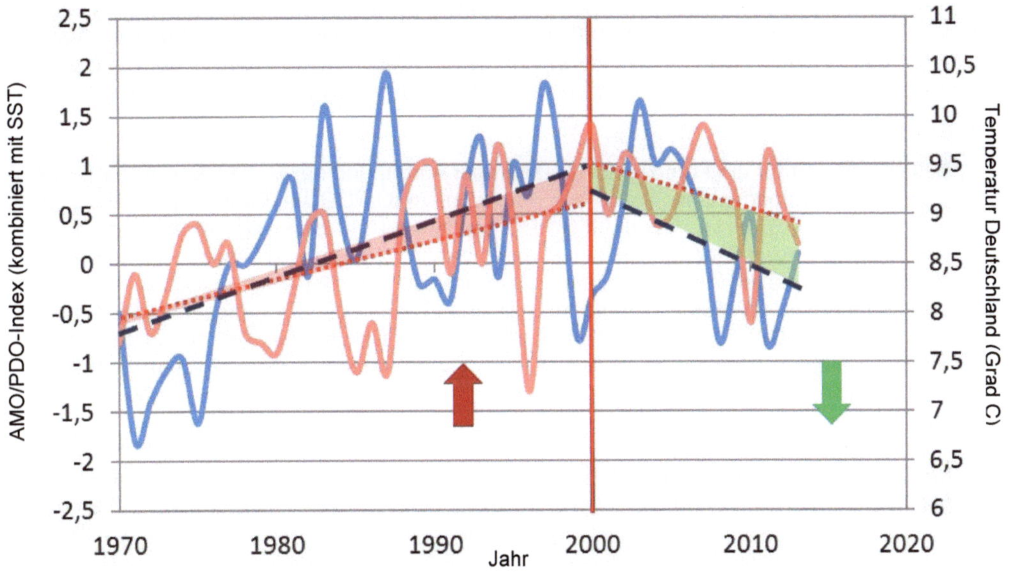

Abb. 1: AMO/PDO (hellblaue Linie) und Lufttemperaturen Deutschland (hellrote Linie).
je mit Trendgeraden für 1970-2000 und 2000-2013. ▬ ▬= Trend PDO/AMO;
········ = Trend Lufttemperaturen D

Der Verfasser zitiert weiter aus WIKIPEDIA: „Obwohl die Konzentration von Treibhaus-
gasen in der Erdatmosphäre seit der Mitte des 19. Jahrhunderts ansteigt, bleibt der dadurch
verursachte Anstieg der Oberflächentemperatur immer wieder scheinbar stehen. Am ausge-
prägtesten und längsten waren die Pausen in den Jahren von 1880 bis 1910, von 1940 bis
1974 und von 1998 bis etwa 2014. In den ersten beiden genannten Zeiträumen gingen die
Oberflächentemperaturen - trotz eines in dieser Zeit beobachteten ungebremsten Anstiegs
der Konzentration der wärmenden Treibhausgase - global sogar zurück. Die übrigen Klimavariablen wie Meeresspiegel, Wärmeinhalt der Ozeane oder das Volumen des arktischen
Meereises setzten ihren Trend jedoch fort. Während der vermeintlichen Erwärmungspau-

sen stoppte nicht die Klimaerwärmung, es wurde lediglich Energie in andere Teile des Erdsystems umgeleitet."

Diese Feststellungen sind ebenfalls mit äusserster Vorsicht zu sehen. DAMMSCHNEIDER (2017) zeigt nämlich, dass genau die in WIKIPEDIA genannten Zeiträume (bis ca. 1910, 1940 bis 1974 und 1998 bis 2014) jene sind, in denen auch die ozeanischen Zyklen aus AMO und PDO sich in einem negativen Trend befanden ... mit dem CO_2-Anstieg hatte das im ersten Ansatz also nicht unbedingt etwas zu tun. Auch die Aussage, daß die „übrigen Klimavariablen wie (der) Meeresspiegel ... ihren Trend fortsetzten" ist nach den Auswertungen des Verfasser in dieser Form *nicht* haltbar (siehe DAMMSCHNEIDER 2017 S. 37ff).

In allen vom Autor untersuchten Fällen ergibt sich eine eindeutige Korrelation zwischen der Veränderlichkeit sowohl der europäischen Lufttemperaturen als sogar auch der GMSL (Atlantik, Bergen/N) bzw. den RMSL der Nordsee (*): Steigt nämlich der Index von AMO/PDO an, dann klettern auch die Wasserstände, fallen AMO/PDO tendenziell ab, dann sinkt auch der Meeresspiegel an den Pegeln der Nordsee bzw. im Bereich der norwegischen Küste (siehe Abb. 2).

Das Gleiche gilt für die europäischen Lufttemperaturen, und der Verfasser wiederholt die o.a. Formulierung sinngemäss: Steigt der Index von AMO/PDO an, dann klettern auch die Lufttemperaturen in Europa, fallen AMO/PDO tendenziell ab, dann sinken auch die Lufttemperaturen. Die Abb. 2 belegt diesen Zusammenhang exemplarisch anhand der Station BERGEN (N) und damit für einen ozeanisch peprägten Raum. Es sei jedoch auf Band 2 dieser Schriftenreihe verwiesen, der nahezu gleiche Trends auch für subozeanische Regionen (Kopenhagen, DK; Potsdam, D; Brüssel, B; Zürich, CH) bis hin zu kontinental einzustufenden Gebieten (Wroclaw, PL; Wien, AT) und auch mediterranen Stationen (Genua, I; Split, HR) zeigt.

Bleiben wir noch etwas beim HIATUS. Fakt ist, dass keines der gängigen Klimamodelle diese Erwärmungspause vorhergesagt hat. Prof. Ulrich Walter, Physiker sowie ehemaliger Wissenschaftsastronaut und derzeitiger Inhaber des Lehrstuhls für Raumfahrttechnik an der Technischen Universität München, zieht daraus den Schluss, dass „seriöse Klimaforscher () sich ehrlicherweise eingestehen (müssten): ′Ich weiss, dass ich nicht viel weiss′." (N24 am 28.11.2016). Denn, WALTER weiter, „ein guter Indikator dafür, wie gut eine Wissenschaft tatsächlich ist, ist gemäß Karl Popper, dem großen Wissenschaftstheoretiker und Philosophen, ihre Vorhersagekraft, also in wie weit sie Erscheinungen vorhersagen kann. Da hat die Klimaforschung kläglich gepatzt. Keiner hat ... für die Jahre 1998 bzw. 2002 bis 2014 die sogenannten *Pause der globalen Erwärmung* oder kurz *Erwärmungs-Hiatus* vorhergesehen. Vielmehr zeigten deren prognostizierten Kurven allzeit steil nach oben. ... . Sogar im Nachhinein konnte dieses bemerkenswerte Phänomen bis heute kein Klimaforscher erklären. Dies ist umso erstaunlicher, als dass die Erfahrung lehrt, dass Theoretiker im Nachhinein stets *alles* erklären können ... ." Prof. Walter zieht darauf hin sein persönliches Fazit: „Die Wissenschaftler sind sich noch nicht ganz einig, aber mit Sicherheit spielt (für den HIATUS, Anmerk.des Autors) eine größere Wärmeaufnahme der Ozeane, also eine Umverteilung der zunehmenden Wärme aus der Atmosphäre in die Ozeane eine Rolle ... . Mit anderen Worten, die Variabilität der natürlichen Prozesse (ist) die Ursache. Das war so und wird auch in Zukunft so bleiben."

(*) GMSL = global mean sea level ; RMSL = relative mean sea level

Im folgenden Kapitel wird der Verfasser einige Grundlagen liefern, die zum Verständnis des Hiatus notwendig sind.

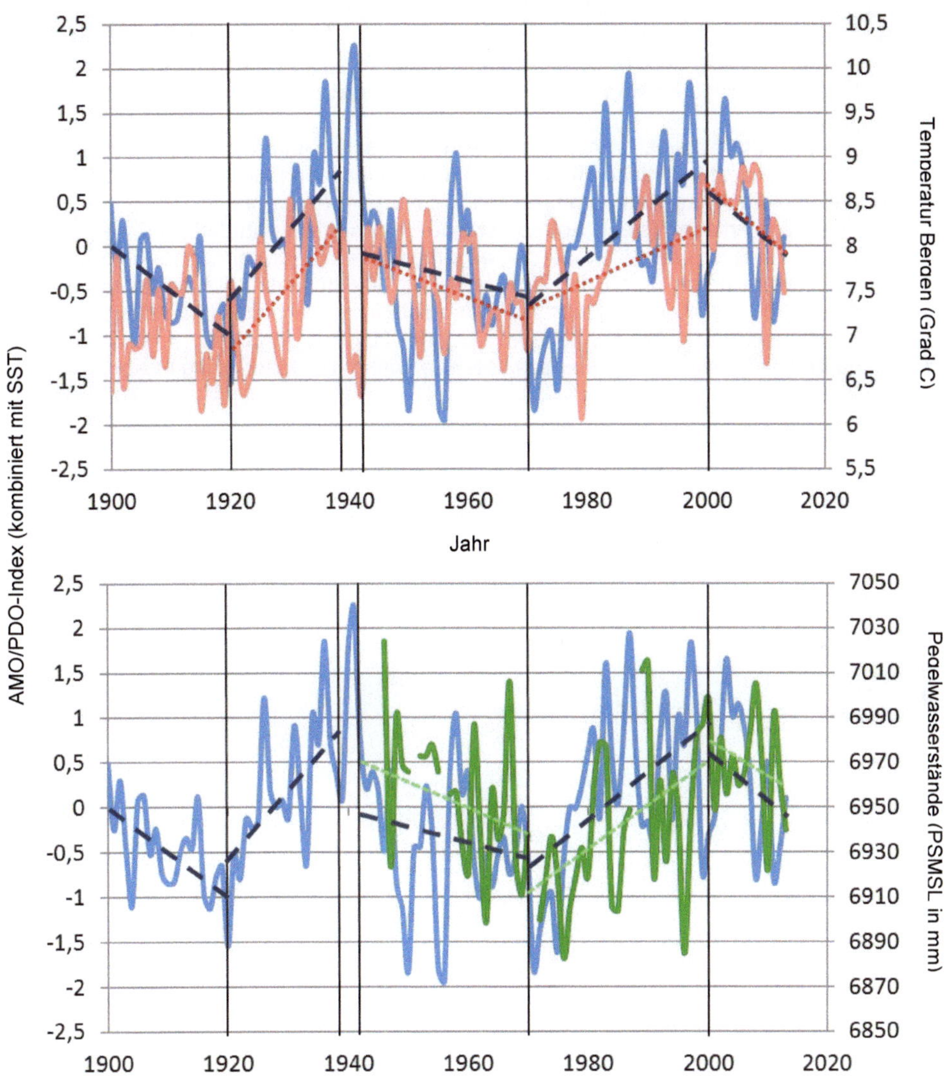

Abb. 2: BERGEN (N) mit Verlauf von PDO/AMO (hellblau, oben und unten) sowie den Trend-Verläufen für die PDO/AMO (− − oben und unten), die Lufttemperaturen (······ oben) sowie die Pegelwasserstände (PSMSL − − unten).

3   OHC, SST und heat flux

Das Statement WALTERS wird vom Verfasser grundsätzlich zwar geteilt. In einem Punkt allerdings irrt er möglicherweise und deutet den ´Hiatus´ unzureichend. Denn eine „grössere Wärmeaufnahme der Ozeane" ist, zumindest in aussertropischen Daten, nicht wirklich erkennbar. Die Abb. 4 zeigt vielmehr für die Ozeane der Nordhemisphere, dass der OHC (ocean heat content) und die Wassertemperaturen (u.a. SST, sea surface temperatur) nicht nur nicht mehr ansteigen, sondern seit 2006/2007 sogar zurückgehen.

Wie auch die Abb. 5 zeigt, ist ein „versacken" sozusagen überschüssiger atmosphärischer Energie zumindest im Atlantik bzw. dem circum-arktischen Raum nicht erkennbar. Im Gegenteil nehmen die Wassertemperaturen seit 2011 sogar eher verstärkt *ab*.

An der Wasseroberfläche (siehe Abb. 5) ist eine signifikante Veränderung ohnehin nicht erkennbar. Interessant ist, dass sich die o.a. allgemeine Temperaturabnahme über die Zeit quasi von oben nach unten durch den Wasserkörper hindurchsetzt: Sie beginnt zuerst in Tiefen zwischen 200 bis 400m (4.Quartal 2010) sichtbar zu werden und setzt sich in den nächsten 12 Monaten auf 1200 bis 1500m (3.Quartal 2011) kontinuierlich fort. Es handelt sich um eine Art Sukzession von oben nach unten … (siehe rote Markierung in Abb. 5).

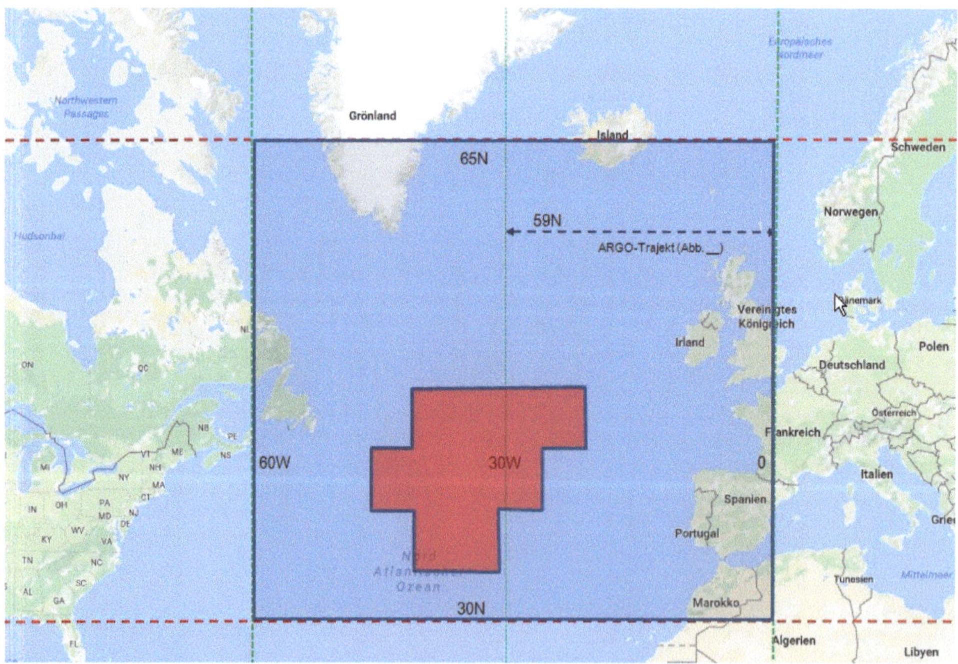

Abb. 3: Gebiet der OHC- und ARGO-Daten-Erfassung (siehe Abb. 4 - 6).
       = Bereich der heat flux Auswertungen von GULEV, LATIF u.a. (2013)

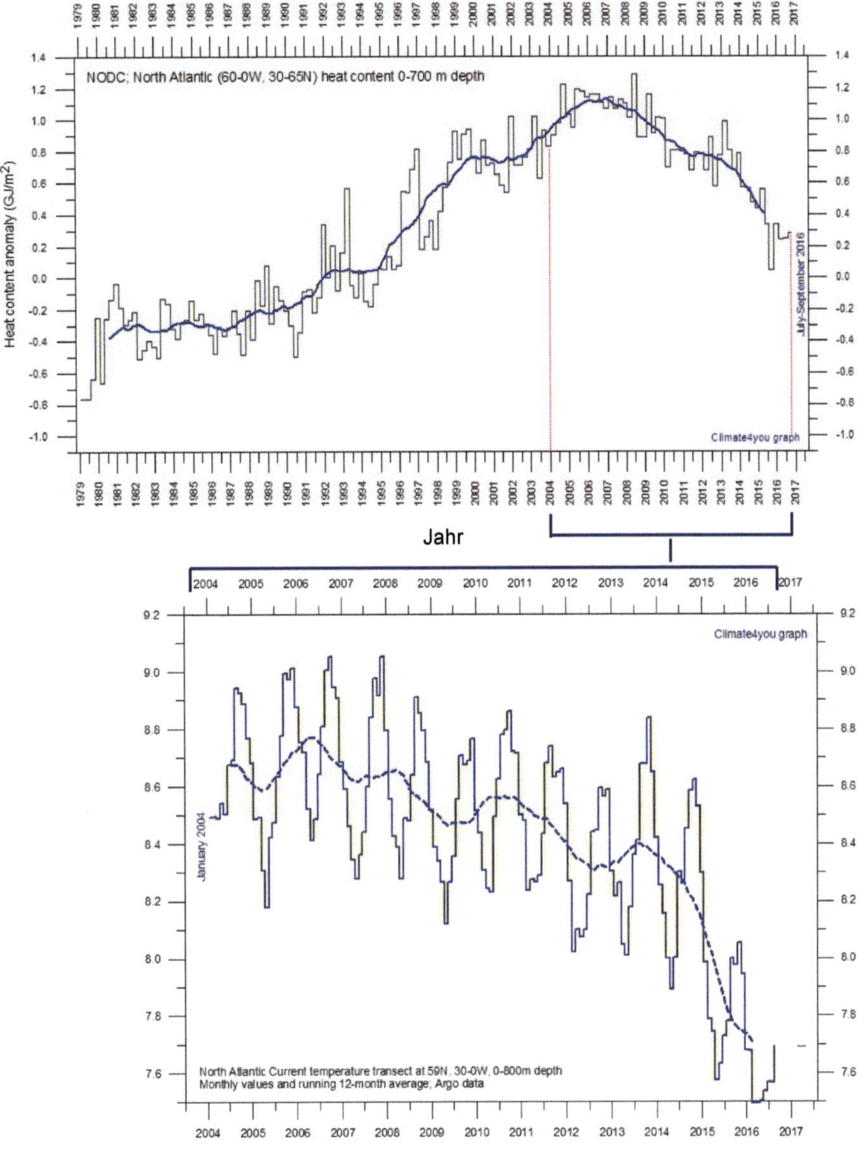

Abb. 4: Entwicklung des OHC im Nordatlantik seit 1979 zwischen 0 und -700m (oben) und Veränderungen der Wassertemperaturen des Nordatlantiks nach ARGO-Daten im Bereich 59N/30-0W in 0-800m Tiefe (aus www.climate4you.com). Siehe Abb. 3.

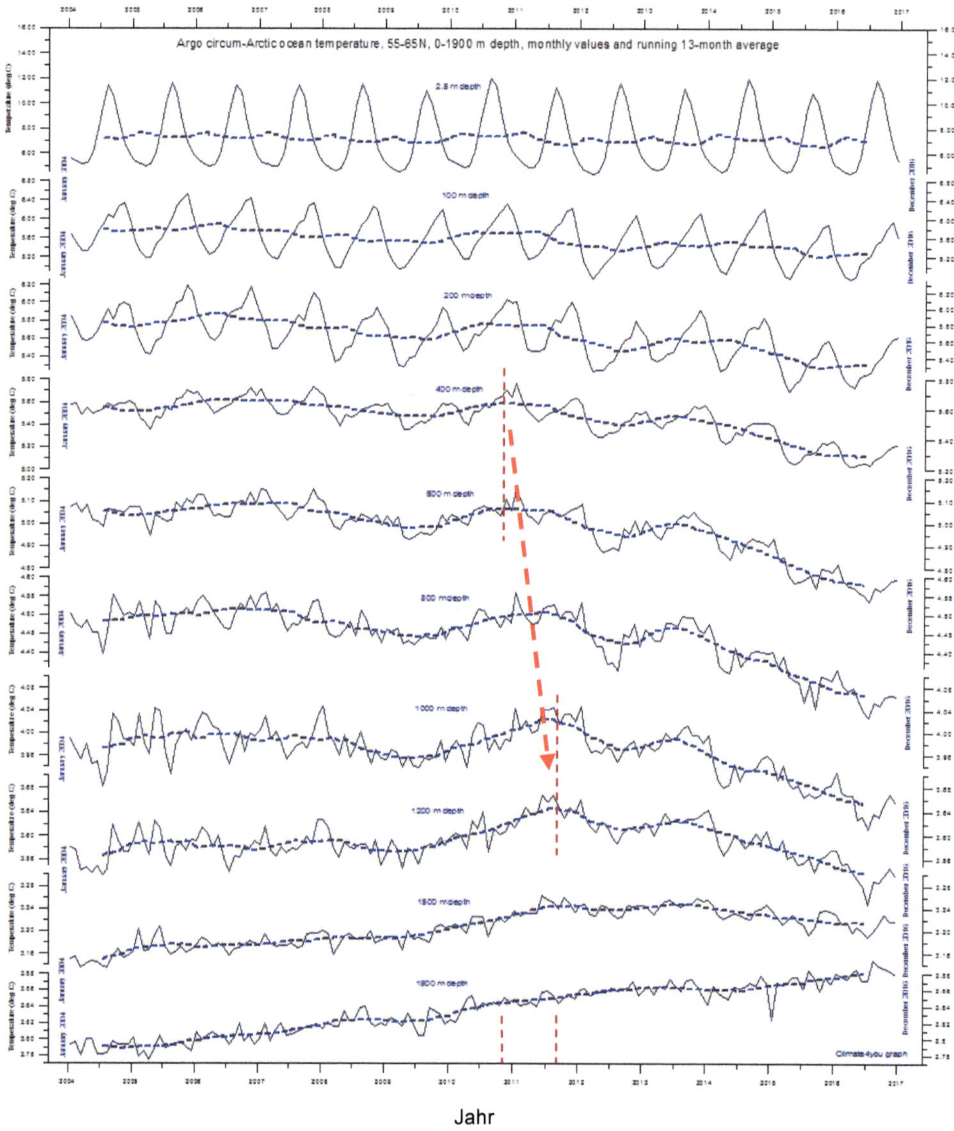

Abb. 5: Veränderung der „Circum Arctic"-Wassertemperaturen im Bereich zwischen 55-65N und dort in den Tiefen zwischen 0-1900m. Lage siehe Abb. 3

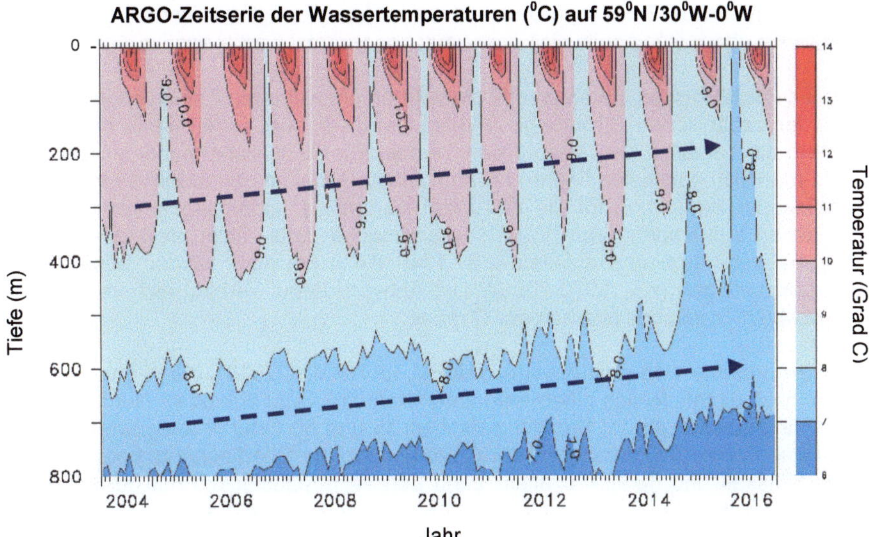

Abb. 6: Temperaturabnahme nach ARGO-Messungen im Bereich des Nordatlantiks zwischen 2004 und 2016 in allen Tiefenstufen zwischen 0 und 800m unter Meereswasserspiegel (aus www.climate4you.com). Die Pfeile zeigen den über die Zeit herrschenden Abkühlungstrend der Wassertemperaturen.

Ebenso die Abb. 6 zeigt anhand der ARGO-Aufzeichnungen, dass im Bereich des Nord-atlantiks zwischen 2004 und 2016 sowohl nahe der Wasseroberfläche als auch in grösserer Tiefe die Temperaturen *abgenommen* haben. Welche Ursachen sich dahinter verbergen, ist z.Zt. eher spekulativ. Klar erkennbar ist jedoch die schon nahezu sprunghafte Abkühlung ab 2015 und dies nicht nur im Tiefwasser sondern auch oberflächennah ... es handelt sich also eher um ein sich änderndes Strömungsregime/eine verstärkte Zufuhr von Kaltwasser/eine verringerte Zufuhr von Warmwasser, und nicht um einen markant angestiegenen ´heat flux´/ Wärmeverlust ... .

Schauen wir an dieser Stelle kurz am Beispiel der AMO (Atlantische Multidekaden Oszil-lation) auf die hinter den (Temperatur)Zyklen stehende *räumliche Verteilung* der relativen „high" and „low" der Wassertemperaturen. Denn diese Veränderungen sind ja letztlich vor allem durch Veränderungen in den Meeresströmungen bedingt ... allein der Kaltwasser-einbruch, wie er in Abb. 6 für das Jahr 2015 zu sehen ist, dürfte in diesem Zusammenhang stehen.

Es wird eher darüber spekuliert als das es bisher konkret (!) nachgewiesen wurde: Mit Änderungen der thermohalinen Zirkulation gelangt zeitweise mal ein „mehr" und vorübergehend auch mal ein „weniger" an Warmwasser tropischen Ursprungs in den Nordatlantik. D.h. die thermohaline Zirkulation „pulsiert" bzw. beschleunigt mal vorübergehend (positive AMO) wie sie ebenso und zeitweise quasi mal abgebremst wird (negative AMO).

Dieses (Nicht)Wissen um einerseits die tieferen (im wahrsten Sinne des Wortes?) Hintergründe der ozeanischen Strömungs-Zirkulationsmuster wie andererseits (aber damit eng gekoppelt) die Tatsache der ozeanischen Temperatur-Oszillationsmuster sind das Problem, mit dem man sich seit vielen Jahren herumschlägt. Dabei ist genau dieses Verständnis von entscheidender Bedeutung für die Klärung/Erklärung der langfristigen Veränderungen der europäischen Lufttemperaturen. Was ist die Ursache dafür, dass die Lufttemperaturen in Europa mal vorübergehend abfallen (z.B. 1940-1970) um dann wieder, ebenfalls vorübergehend, anzusteigen (z.B. 1970-2000)? Die Antwort darauf verbirgt sich vermutlich in den grossräumigen Transportsystemen der Ozeane.

Diese Annahme wird gestützt von GULEV, LATIF u.a (2013), die in ihrer Arbeit zeigen konnten, dass es tatsächlich einen markanten heat flux nicht zuletzt im Nordatlantik gibt. Es wurden Naturmessungen im Bereich zwischen 35 und 50 Grad N ausgewertet (siehe Abb. 3), die (erneut) belegen, dass die Meeresströmungen die Oberflächentemperatur des Atlantiks beeinflussen und damit vor allem auch den Wärmeaustausch mit der Atmosphäre ... was wiederum über den Transport latenter Energie die Klimaschwankungen auf den angrenzenden Kontinenten verursacht.

KLÖVER, LATIF u.a. (2014) rekonstruieren den heat flux zwischen 1900 und 2010 aus den bekannten Daten der NAO (North Atlantic Oscillation). Auf diese Weise konnten sie die dekadischen Schwankungen der nordatlantischen SST, also der AMO, herausarbeiten. Mit den Daten wurden dann numerische Vorhersagen des zu erwartenden AMO-Verlaufs durchgeführt, die zeigten, dass genau das eintreten könnte, was wir derzeit seit dem Jahr 2000 dann auch tatsächlich beobachten ... eine negative Tendenz.

REINTGES, LATIF u.a. (2016) konnten erst kürzlich eine sehr enge Verkopplung von 8-jährigen Schwankungen im Temperaturverhalten des Nordatlantiks und den Lufttemperaturen darstellen. Der Einfluss der als primär angesehenen NAO auf Nordeuropa ist dabei so direkt, dass sich die Periode z. B. sogar in den durchschnittlichen Wintertemperaturen Hamburgs wiederfindet. Es muss allerdings klar sein, dass *diese* Ergebnisse sich leider nur auf numerische Modellierungen stützen.

Sicher ist: Eine „durchgängige" Veränderung der Lufttemperaturen gibt es in Europa definitiv **nicht**, ebenso wie es keine fortlaufend-homogenen Prozesse im Transportverhalten der Ozeane gibt. M. Latif äussert sich in einem Interview über den daraus aus seiner Sicht zu ziehenden Schluss: „Solche dekadischen Klimaschwankungen sind dem generellen Erwärmungstrend überlagert, sodass es zeitweise so scheint, als wäre der Erwärmungstrend verlangsamt oder gar gestoppt. Nach einigen wenigen Jahrzehnten beschleunigt er sich dann aber wieder", erläutert Latif. „Es ist für uns wichtig, diese natürlichen Zyklen zu verstehen, dann können wir letztendlich auch bessere Klimavorhersagen liefern" (M. Latif in http://klimaschutz-netz.de/index.php/erde-und-mensch/642-langzeitliche-klimaschwankungen-im-atlantik).

Es sei allerdings vom Verfasser ein wenig einschränkend angemerkt, dass die Annahme LATIF´s, die ozeanischen Zyklen seien „Klimaschwankungen" in dieser Form sicher nicht von allen geteilt wird. Zunächst einmal sind die Zyklen nichts weiter als sich periodisch verändernde (Energie)Transportprozesse zwischen tropischem Warm- und arktischem Kaltwasser, und das seit Jahrhunderten und also auch seit Zeiten, in denen ein (anthropogener) Klimawandel noch kein Thema war.

4 Ozeanische Zyklen und die Veränderlichkeit der Lufttemperaturen

Wenn es nun also eine zunehmende Wärmeaufnahme im Wasserkörper des Atlantiks so *nicht* gibt, dann stellt sich ganz entschieden die Frage, *wo* denn *dann* die Energie, die aus dem Treibhauseffekt/ dem Anstieg des CO_2 resultieren soll, geblieben sein könnte?

Das ist in der Tat ein schwieriges Problem: Die Lufttemperaturen steigen seit 2000 (zumindest in Europa) einerseits nicht mehr an, die Ozeane zeigen andererseits (zumindest im Nordatlantischen Raum) keine Hinweise für eine Aufnahme der potentiell aus dem Treibhauseffekt zu erwartenden ´überschüssigen´ atmosphärischen Energie?!

Wie kann man das erklären …´versackt´ die „Treibhaus"-Wärme derzeit primär nur in den tropischen Meeren?

DAMMSCHNEIDER (2017) hat für Europa, quasi als lokalen Lösungsansatz, einen Paradigmenwechsel ins Spiel gebracht: Nicht die Lufttemperaturen allein (sozusagen als ein ´Ergebnis´ der Zunahme des CO_2 in der Atmosphäre und den sich verändernden Prozessen mit „Treibhauseffekt") ´steuern´ den Klimawandel in Europa, sondern ein uralter natürlicher Ablauf in den ozeanischen Zyklen des Pazifiks bzw. des Atlantiks beeinflusst/ modifiziert die Veränderlichkeit (*) der Lufttemperaturen.
Dies meint: Zwar entsteht (wenn man es mal so ausdrücken darf) grundsätzlich aufgrund des Treibhauseffektes ein „mehr" an Wärme in der Atmosphäre … jedoch nehmen wir dies durch die momentane ´Überdeckung´, die von den derzeitig negativ verlaufenden ozeanischen Zyklen ausgeht, nicht wahr (siehe auch o.a. das Interview mit M.Latif). Für die Tropen sieht es allerdings anders aus … .

Das „auf und ab" der langfristigen Entwicklung der europäischen Lufttemperaturen, wie sie der Verfasser in seiner Veröffentlichung 2017 zeigt, könnte also eine **Folge** des An- und Abstiegs der ozeanischen Zyklen aus AMO und PDO sein. Dies meint: ´*Zuerst*´ kommt die Veränderung der ozeanischen Indices/der internen Transportprozesse, *danach* folgen (sozusagen auf dem Fusse) die Lufttemperaturen Europas den Veränderungen von AMO/PDO. Oder nochmals mit anderen Worten: Die Veränderungen der Lufttemperaturtrends sind der atmosphärischen Zirkulation (Westwinddrift) und ihrem Transport (latenter) Energie/Wärme

(*) … wohlgemerkt vor allem die Veränderlichkeit (!) ist hier gemeint. Der über den Gesamzeitraum
   von 1900 bis heute nachweisbareTemperaturansteig steht auf einem anderen Blatt.

von den weitflächigen Gebieten des Pazifik (PDO) und des Atlantiks (AMO) hin bis nach Europa geschuldet. Die durch das atmosphärische CO_2 bedingte Temperaturzunahme (in der Atmosphäre) wird sozusagen auch mal nach unten korrigiert und zwar durch die ozeanischen Indices bzw. die von selbigen ausgehende latente Energiezufuhr aus Pazifk und Atlantik … die dabei auch mal geringer, d.h. z.Zt. (in Relation) negativ ausfallen kann!

Mit diesem Ansatz wird vom Verfasser nicht im üblichen Schema argumentiert, sondern sozusagen umgekehrt gedacht: Am Beginn einer Trendwende steht *nicht* (allein) die Veränderung der globalen atmosphärischen Temperatur („aufgeheizt" durch den Treibhauseffekt des CO_2), sondern am Anfang einer periodischen Veränderung der Lufttemperaturen steht eine langfristige Temperatur-Zyklizität im Wasserkörper der Ozeane. Sprich, PDO/AMO sind Modifikatoren atmosphärischer Temperaturtrends … die Lufttemperaturen für sich genommen bewirken keine ozeanische Zyklizität, dafür ursächlich sind vielmehr die Transportvorgänge innerhalb der Ozeane (u.a. vermutlich die thermohaline Zirkulation, wobei, zugegeben, darin natürlich auch wieder die Lufttemperaturen als Faktor eingehen).

Es ist also nicht gemeint, dass das CO_2 in diesem Ablauf bzw. bei der allgemeinen Zunahme der Temperaturen (!) *keine* Rolle spielt. Keineswegs. Vielmehr handelt es sich ´nur´ um eine geänderte *Logik der Reihenfolge*: ERST wechselt der Trend in AMO/PDO (warum auch immer), DANN verändern sich in Abhängigkeit davon die Lufttemperaturen in Europa. Es muss klar sein: Der heat flux bzw. der (latente) Energie- und Wärmetransport erfolgt hier im Bereich von PDO und AMO weit weniger von der ´Luft zum Wasser´ als vielmehr vom ´Wasser zur Luft´.
Dies hat zur Folge, dass mit positiver/negativer Zyklizität auch eine *relative Erhöhung/* eine *relative Absenkung* der Lufttemperaturen *über* den Wasserkörpern von Pazifik bzw. Atlantik erfolgt und ein der atmosphärischen Zirkulation folgender *Abtransport* dieser Energie bis hin nach Europa stattfindet.

Was die AMO (und die PDO) tatsächlich antreibt, ist, wie bereits erwähnt, noch immer eher spekulativ. DIJKSTRA u.a. (2006) haben die These einer periodisch gestörten thermohalinen Zirkulation formuliert (und auch selbst noch andere Modelle ins Spiel gebracht). Aktuell beschreiben BELLOMO, K. u.a. (2016) einen Klima-Verstärker, der zeigen soll, dass die Atlantische Multidekadenoszillation (AMO) zu einem bestimmten Masse auch auf Basis der *Veränderung der Wolkenbedeckung* ablaufen kann. Laut dieser Studie sind bis zu einem Drittel der AMO-assoziierten Temperaturveränderungen auf Wolkeneffekte zurückzuführen.

D.h., es gibt eine positive Rückkopplung zwischen der Gesamtwolkenmenge, der Oberflächentemperatur (SST) und der atmosphärischen Zirkulation, die die Persistenz und Amplitude des tropischen Zweiges des AMO verstärken. Mittels numerischer Simulation schließen BELLOMO u.a., dass die Cloud-Feedbacks zwischen 10% und maximal 31% der beobachteten SST-Anomalien in Verbindung mit der AMO über den Tropen ausmachen können.

Schauen wir nun (mal wieder) auf die Zyklizität von AMO und PDO. Die Abb. 7 zeigt den Verlauf des kombinierten PDO/AMO-Index für den Zeitraum 1900 bis 2013. Phasen mit fallender Tendenz wechseln sich ab mit Perioden steigender Tendenz. Die Verfahrensweise zur Berechnung des Index (und der eingerechneten SST) beschreibt DAMMSCHNEIDER (2017) in Band 2 der Schriftenreihe.

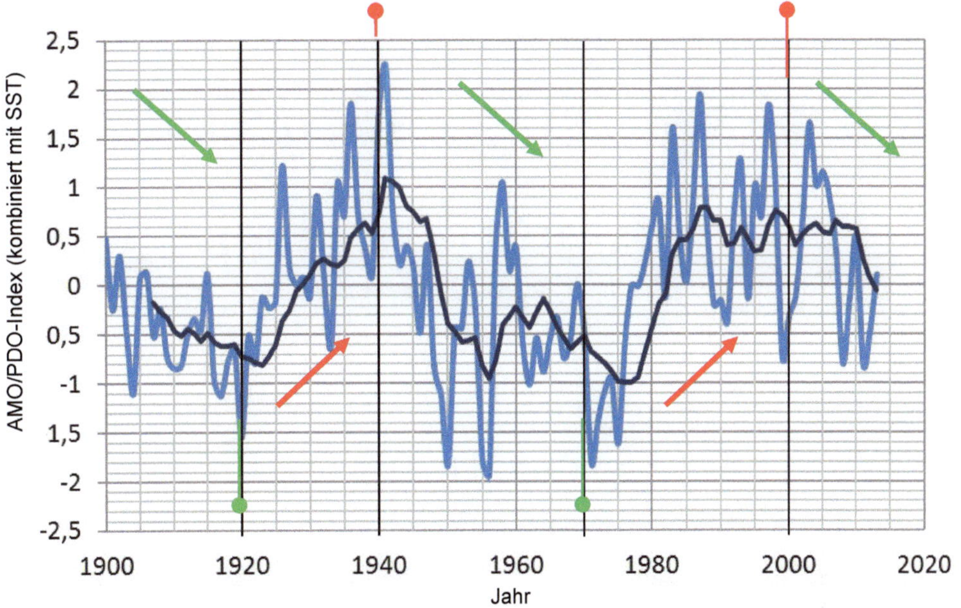

Abb. 7: Verlauf des kombinierten AMO/PDO-Index (hellblaue Linie) zwischen 1900 und 2013 und 8-jährigem übergreifenden Mittel (dunkle Linie)
= fallende Tendenz , = steigende Ten denz

Der Verfasser hat in Abb. 8 und 9 eine grössere Zahl an meteorologischen Stationen mit jeweils weit zurückreichenden Daten ausgewählt und deren Lufttemperaturen den PDO/ AMO-Zyklen gegenüber gestellt.

Interessant ist, dass alle aufgeführten Messstellen, ob auf dem nordamerikanischen Kontinent, Grönland oder Mittel-/Nordeuropa gelegen, nahezu übereinstimmend das gleiche Bild zeigen: Die ozeanischen Zyklen aus PDO/AMO und das langfristige auf/ab der Luft-temperaturen verlaufen in einem sehr ähnlichen Rhythmus/einer engen Korrelation.

Es bestätigt sich hier also die bereits zuvor allein für Europa gefundene Korrelation (DAMMSCHNEIDER 2017) auch für die ausgewählten Stationen in den USA/Kanada/Grön-land.

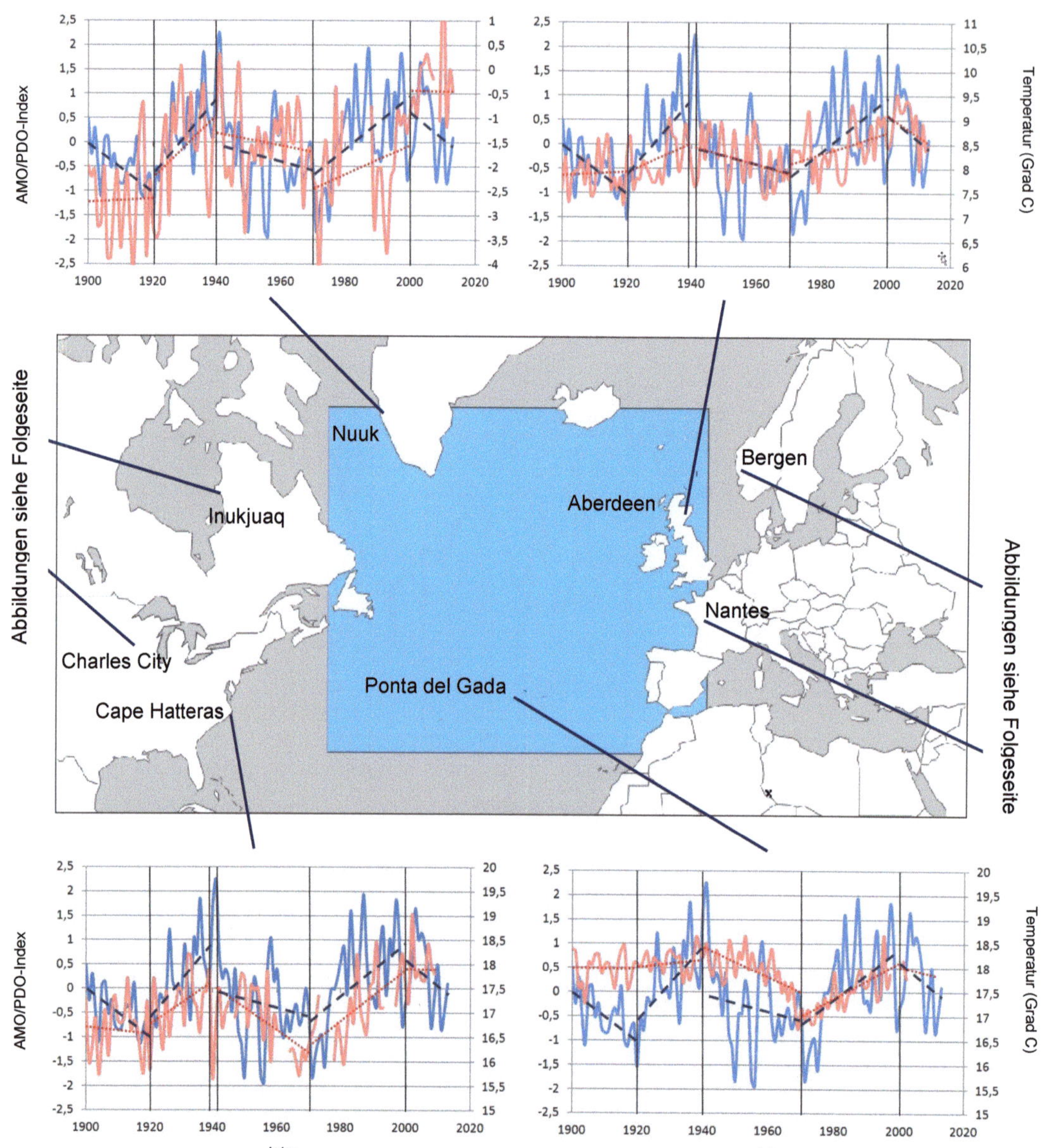

Abb. 8: Gebiet der nordatlantischen OHC-Daten (blaue Fläche, siehe Abb. 3) und
Ganglinien der Lufttemperaturen ausgewählter festländischer Stationen mit
jeweils parallel aufgetragenem Verlauf von AMO/PDO (siehe Abb. 7), je mit
Trendgeraden (— — = AMO/PDO ;········ = Lufttemperatur)

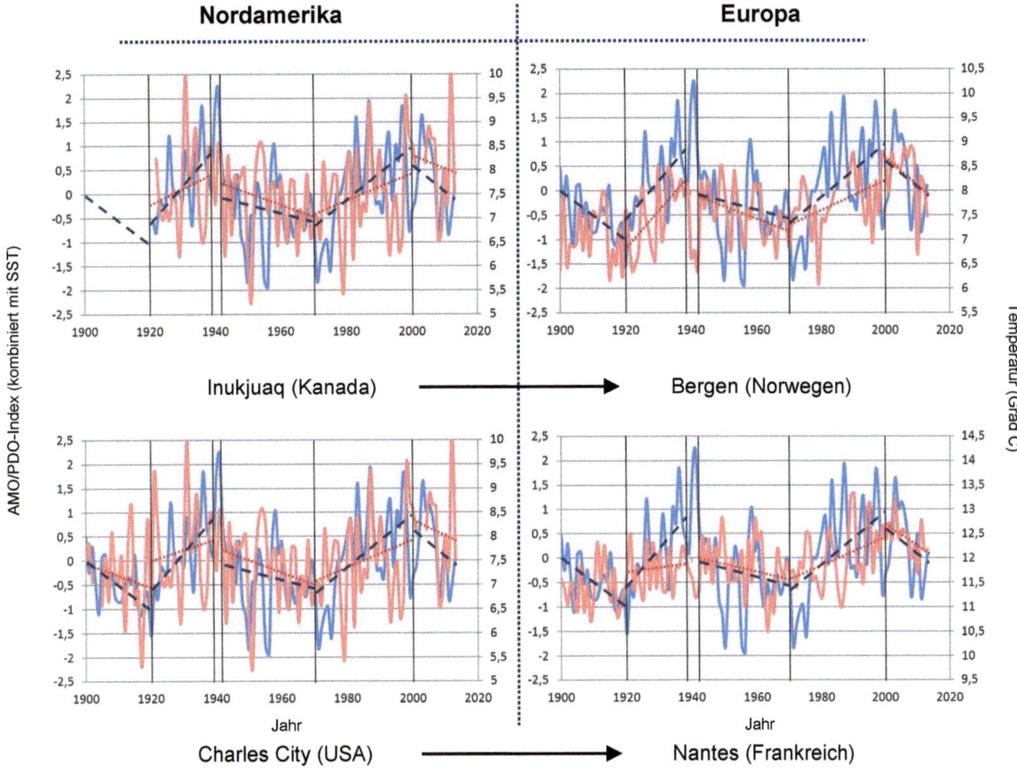

Abb. 9: Ganglinien der Lufttemperaturen der festländische Stationen im W-O-Profil von
a)   Inukjuaq (Kanada) – Bergen (Norwegen)
b)   Charles City (USA) – Nantes (Frankreich)
und der jeweils parallel aufgetragene Verlauf von AMO/PDO, beide je
mit Trendgeraden von AMO/PDO ▬ ▬ und Lufttemperatur ⋯⋯⋯ .
▬▬ = Verlauf Lufttemperaturen,   ▬▬ = Ganglinie AMO/PDO

Aus den Abbildungen geht aber ebenso hervor, dass der Anteil des Einflusses der PDO markant stärker ist als jener der AMO, da die USA bzw. Kanada aber auch Mittel- und Nordeuropa offenbar geringfügiger dem atlantischen als vielmehr stärker einem pazifischen Einfluss unterliegen.

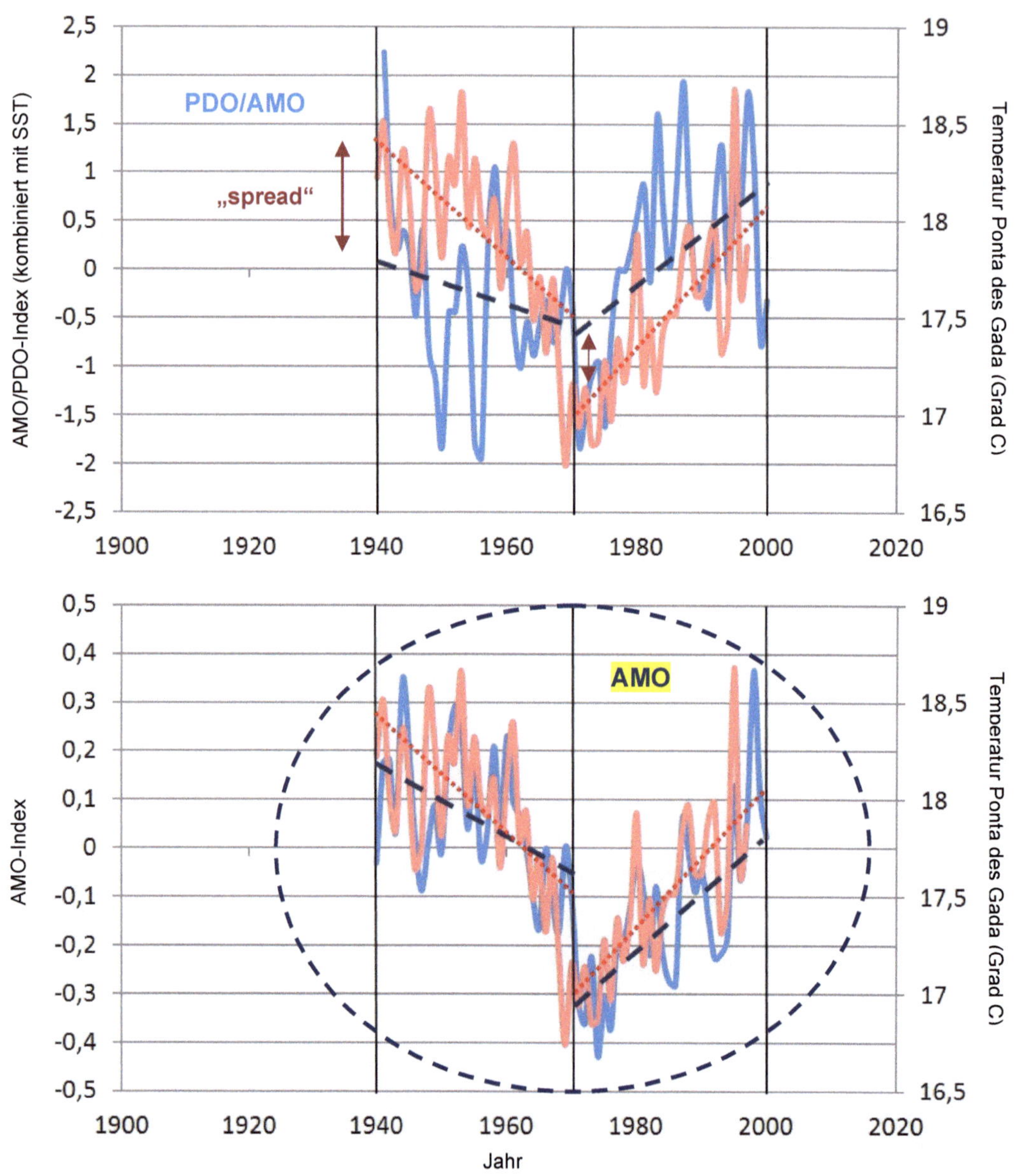

Abb. 10: AMO/PDO-Index und Lufttemperaturen in Ponta del Gada/ Azoren (oben),
AMO-Index und Lufttemperaturen der gleichen Station (unten), Zeitraum 1940 bis 2000.
▬ ▬ = Trend der ozeanischen Zyklen, ······· = Trend Lufttemperatur

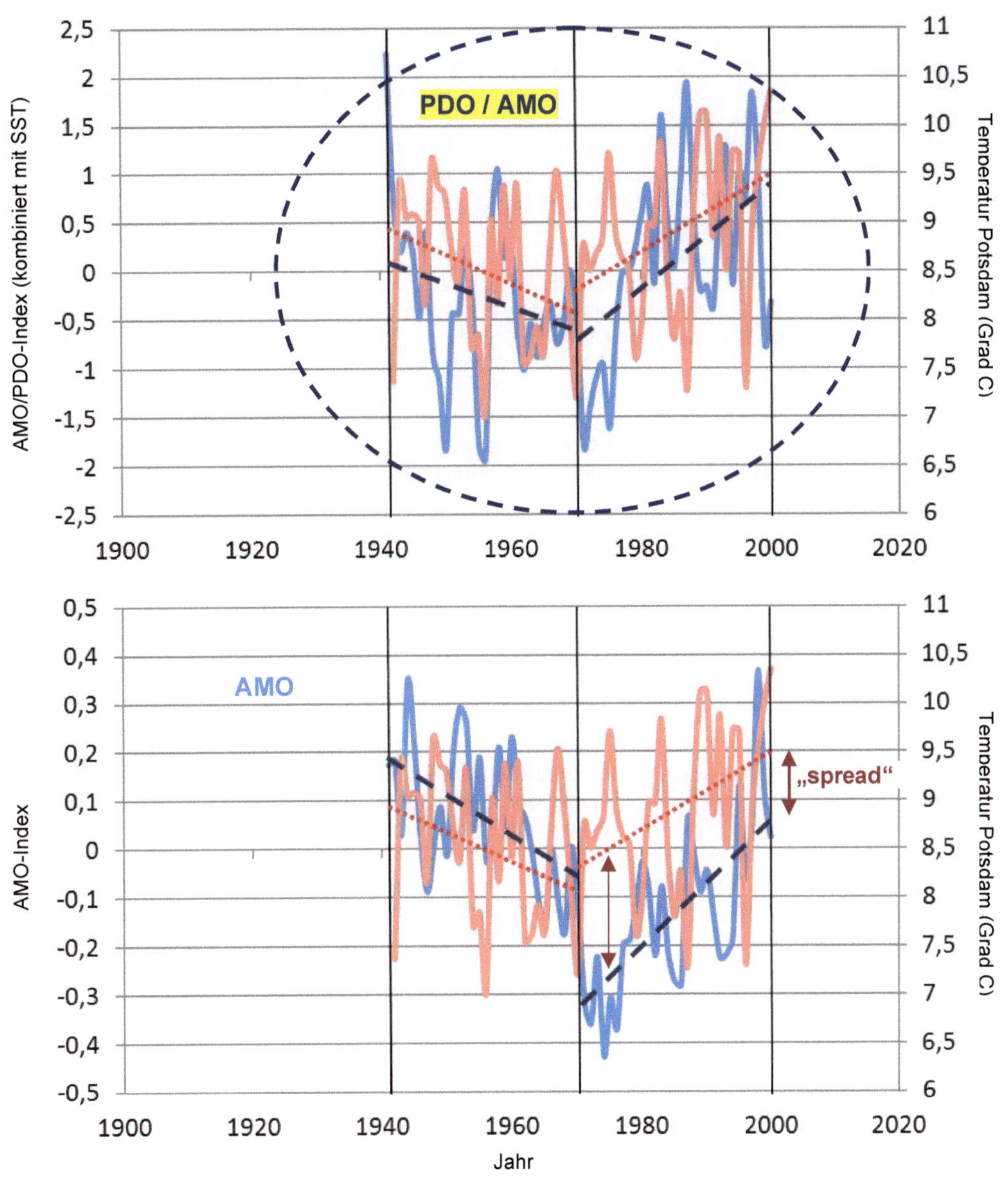

Abb. 11: AMO/PDO-Index und Lufttemperaturen in Potsdam, Deutschland (oben),
AMO-Index und Lufttemperaturen der gleichen Station (unten), Zeitraum 1940 bis 2000.
— — = Trend der ozeanischen Zyklen, ⋯⋯⋯ = Trend Lufttemperatur

Dies zeigt sehr gut die Station Ponta del Gada auf den Azoren, gerade weil sie eine Art Ausnahme darstellt. Denn dort dominiert (eigentlich auch wenig überraschend) die AMO und weniger die PDO: Während in Abb. 10 (oben) AMO und PDO *gemeinsam* aufgetragen sind, ist in der unteren Grafik dieser Abbildung *allein nur* die *AMO* (!) den Lufttemperaturen zur Seite gestellt. Dabei ist sehr schön zu erkennen, dass hier inmitten des Atlantiks die PDO eine offensichtlich erheblich geringere Rolle spielt, die Korrelation zwischen den Luft-temperaturen und dem AMO-Index ist zumindest zwischen 1941 und dem Jahr 2000 enger als zur *kombinierten* PDO/AMO.

In einem Zwischenresultat ist ersichtlich, dass *hier inmitten des Atlantiks* die AMO als steuernder Faktor der Lufttemperaturen überwiegt ... für die nördlichen/nordöstlichen Statio-nen wie Aberdeen (GB), Nantes (F) oder Potsdam (D) und natürlich den nordamerika-nischen Kontinent sind hingegen AMO *und* PDO *gemeinsam* ´zuständig´ für die Lufttempe-raturveränderlichkeit, mit einem Übergewicht seitens der PDO.
In Nordamerika und Mittel-/Nordeuropa stehen wir sozusagen inmitten der Westwinddrift mit Auswirkungen vor allem der PDO, während auf den südlich inmitten des Atlantiks ge-legenen Azoren die AMO die Lufttemperaturen deutlich markanter prägt.

Diese Vorstellung lässt sich ergänzend mit Abb. 11 anhand des Beispiels von Potsdam belegen, das exemplarisch neben Ponta del Gada (Azoren, Abb.10) gestellt wird: Einmal sind für beide Stationen AMO und PDO gemeinsam aufgetragen (Abb. 10 und 11 oben), zum zweiten allein nur die AMO (Abb. 10 und 11 unten). Leicht ersichtlich leistet in Deutsch-land/in Potsdam die PDO einen erheblich höheren Beitrag als auf den Azoren/in Ponta del Gada. In Mittel-/Nord-europa tritt die AMO in ihrer Wirkung gegenüber der PDO offenbar zu-rück.

Das kann man auch anders formulieren: Während die Azoren nahezu direkt „in" der AMO liegen, und somit auch deren primäre Wirkung in den Lufttemperaturen erleben, befindet sich Potsdam weit nordöstlich in der hier dominanten Westwinddrift ... und erhält einen erheblich höheren „Wirk"-Anteil von der PDO. Man könnte auch sagen, dass auf den Azoren die AMO als Erklärung ´passt´, in Potsdam/D hingegen nur die Kombination aus AMO *und* PDO (siehe Abb. 10 und 11 = ⌣) ... die jeweilige Variante mit PDO (Azoren) bzw. ohne PDO (Potsdam) besitzt je nach Standort dann einen vergleichsweise deutlich grösseren ´spread´ zwischen den ozeanischen- und den jeweiligen Lufttemperatur-Trends (siehe ⟷ in den Abbildungen).

Quasi als eine Art Zusammenfassung zeigt die Abb. 12 für den Zeitraum 1940 bis 2000, in dem die PDO/AMO einmal in einer Negativphase verlaufen (1940-1970) und einmal sich in einer Positivphase befinden (1970-2000), die Lufttemperaturtrends ausgewählter nordamerikanischer wie europäischer Stationen: Alle Messstellen haben je Phase übereinstimmend einen mit den ozeanischen Zyklen gleichförmigen Trend der Lufttemperaturen, ob in Bosten/ USA und Inukjuaq/CAN oder (in Europa) Nantes/F bis Bodö/N.

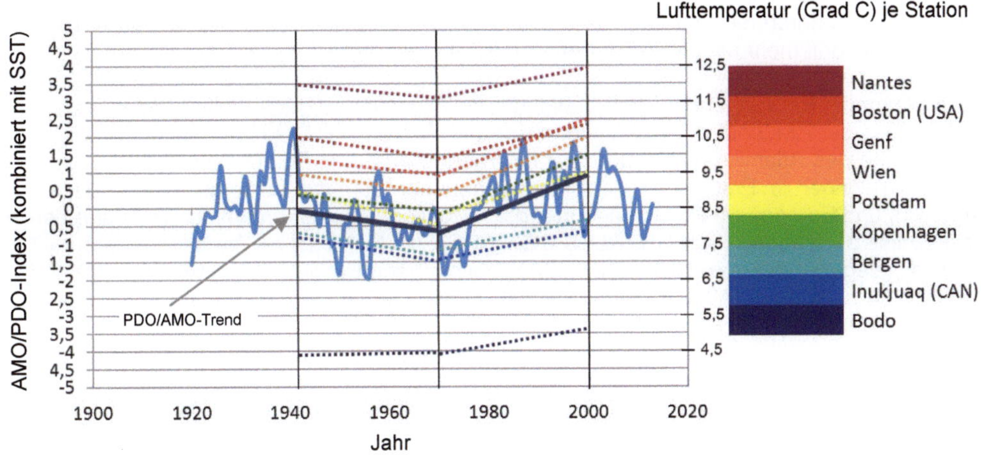

Abb. 12: Trendverlauf der Lufttemperaturen je angegebener Messstelle im Vergleich zum Verlauf von PDO/AMO (——— = Ganglinie Jahreswerte PDO/AMO, ·········· = Trendgeraden der Lufttemperaturen je Station , ▬▬▬ = Trendgerade PDO/AMO)

Die absoluten Temperaturen sind selbstredend unterschiedlich, also von N nach S meridional zunehmend. Die Relation der Lufttemperaturen aller Stationen zur Veränderung der ozeanischen Zyklen allerdings ist übereinstimmend ähnlich.

5 Fazit und Zusammenfassung

Der Schlüssel zum Verständnis der langfristigen *Veränderungen* der europäischen Lufttemperaturen liegt offenbar in der Betrachtung der ozeanischen Zyklen des Pazifiks (PDO) und des Atlantiks (AMO). Beide je für sich (regional differenziert) bzw. gemeinsam scheinen den Verlauf des periodischen „auf und ab" der Temperaturen in Nordamerika und Europa zu steuern.

Dies geschieht meridional unterschiedlich stark, d.h. im Bereich der Azoren beispielsweise dominiert eher die AMO die langfristige Veränderlichkeit der Lufttemperaturen, während es in den nördlicheren Bereichen der USA bzw. Kanadas primär die PDO ist. Im östlich anschliessenden Grönland sowie Mittel- bzw. Nordeuropa wirken dann die PDO und AMO *gemeinsam* auf die dekadische Varianz der jeweiligen Lufttemperaturen ein.

Beide Zyklen, PDO wie AMO, haben durch den Transport ´latenter Energie´ mittels der Westwinddrift Einfluss auf die Entwicklung/auf die zeitlichen Trends der Lufttemperaturen entfernter Gebiete, also nicht zuletzt auch auf jene Europas … aber unterschiedlich gewichtet je nach deren relativer Lage innerhalb der atmosphärischen Zirkulation, sprich, ob in der Westwinddrift mehr atlantisch oder mehr pazifisch geprägt..

AMO und PDO „verrechnen" sich dabei in ihrer Wirkung sozusagen miteinander, sodass der Einfluss der AMO auf die Lufttemperaturen der Azoren (37 Grad N) z.B. dominant ist, d.h. in Mitte des Atlantiks die Zufuhr latenter Energie aus dem Pazifik (von der PDO ausgehend) geringer in Erscheinung tritt. Demgegenüber herrscht in nördlichen Bereichen Amerikas und Europas die PDO gegenüber der AMO vor … gut erkennbar ist dies dann beispielsweise an Stationen von CHARLES CITY / USA bis NANTES / F (zwischen 43 und 47 Grad N gelegen) oder von INUKJUAQ / CAN bis hin nach BERGEN / N (zwischen 58 und 60 Grad N) … in allen Fällen ist die AMO zwar präsent jedoch in Relation zur PDO quantitativ zurücktretend (*).

Der sogenannte Hiatus ergibt sich in diesem Gesamtbild als ein Phänomen, dass zu einem überwiegenden Teil auf diese Zyklizität zurückgeführt werden kann. Da seit dem Jahr 2000 die ozeanischen Zyklen ihren zeitweiligen Index-Höhepunkt überschritten haben und sich derzeit auf einer „Talfahrt" befinden, sollten auch die Lufttemperaturen zwischen Nordamerika und Europa in einem tendenziell fallenden Trend liegen bzw. auch vorübergehend bleiben. Bei einer überschlägigen Schätzung der bisherigen Periodizität der PDO bzw. AMO könnte dieser grundsätzliche Temperaturrückgang bis mindestens zum Jahr 2020 anhalten. In welcher Quantität sich der messbare Temperaturrückgang am Ende auswirken wird, ist offen.

Sollte sich die These des CO_2-gesteuerten Klimawandels bestätigen, wäre unter Berücksichtigung der vorliegenden Auswertungen einerseits der postulierte Temperaturrückgang (bis 2020/2030?) vermutlich geringer als im letzten „Negativ"-Zeitraum zwischen 1941 und 1970 (damals i.M. 0,5 ^{0}C in 30 Jahren) und zum anderen im Folgezeitraum ab ca. 2020/ 2030 ein erneuter/ein wieder einsetzender Temperaturanstieg in Europa zu erwarten … dann, so steht zu vermuten, sowohl **mit** als auch **ohne** „Klimawandel".

Die dabei möglichen Temperaturwerte liegen allerdings im spekulativen Bereich, eine Abschätzung ist derzeit seriös nicht möglich.

(*) Es ist hierbei vollkommen klar, dass die absoluten Temperaturen, trotz ähnlicher Breitenlage, sehr unterschiedlich sind (Bergen = ozeanisches Klima / Inukjuaq = Tundrenklima). Siehe Abb.12.

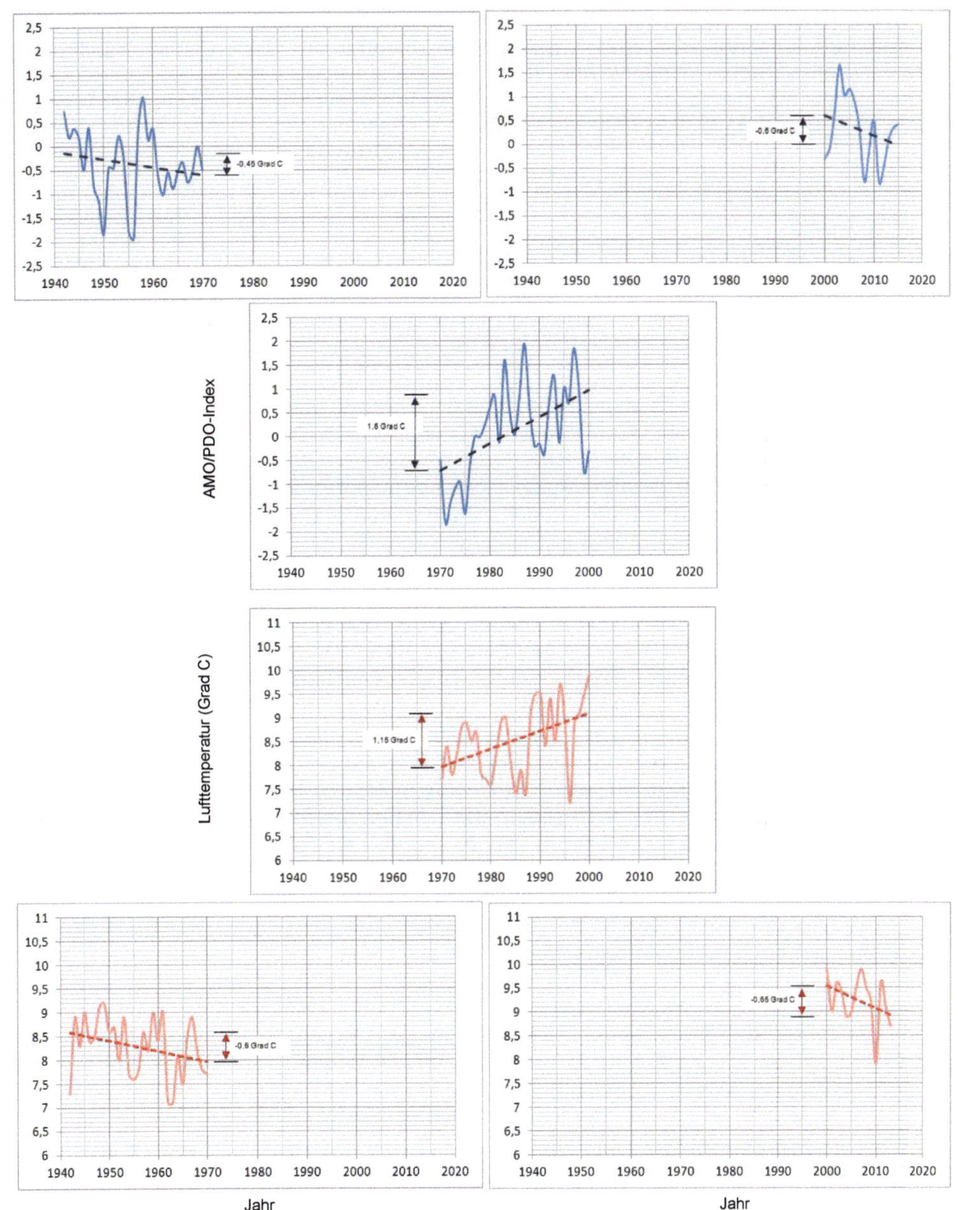

Abb. 13: AMO/PDO-Index (oben, blau) und Lufttemperaturen in Deutschland (unten, rot).
— — = Trend der ozeanischen Zyklen, ········· = Trend Lufttemperatur in Deutschland
je im Zeitraum 1941-1970 , 1970-2000 und 2000-2013

Eine Betrachtung für den Gesamtraum „Deutschland" (DWD-Werte) im Vergleich zu den Veränderungen der PDO/AMO lässt jedoch immerhin für *diesen* ausgewählten Bereich Temperaturangaben zu (siehe Abb. 13):

	Hiatus 1941-1970	Zeitraum 1970-2000	Hiatus 2000-2013
PDO/AMO	- 0,45	+ 1,60	- 0,60
Veränderung			
Lufttemp. D	- 0,60	+ 1,15	- 0,65

(alle Werte in Grad C)

Das heisst, dass in Deutschland aktuell ein „Hiatus" bzw. ein Rückgang der Lufttemperaturen stattfindet. Es ist seit dem Jahr 1900 bereits der zweite Hiatus

.

Der Temperaturrückgang beträgt zwischen den Jahren 2000 und 2013 rd. 0,65 Grad C, im ´ersten Hiatus´ zwischen 1941 und 1970 waren es 0,6 Grad C. In der zeitlich dazwischen liegenden Periode (1970- 2000) trat hingegen eine Temperaturzunahme von 1,15 Grad C ein (positive PDO/AMO).

Natürlich wird den Verfasser an dieser Stelle unvermeidlich der Vorwurf treffen, dass sich unter Einbezug der Jahre 2014-2015 ein etwas anderes Bild zeigen würde. Das ist ohne Frage richtig, ändert jedoch nichts am zugrundeliegenden Muster einer offensichtlichen Abhängigkeit der Lufttemperaturen von den ozeanischen Zyklen der PDO und AMO ... denn das Jahr 2015 ist ein sogenannter „Ausreisser", der ohne Zweifel dem extrem, aber singulär (!) verlaufenden pazifischen Temperaturanstieg in Folge des El-Nino-Ereignisses geschuldet ist. Zum weiteren wäre aber *selbst dann* ein Hiatus vorhanden ... bei einem Betrachtungszeitraum 2000-2016 sinken die Temperaturen zwar nicht ab, stagnieren allerdings auf durchschnittlich 9,4 Grad C, d.h. es gab *keinen* Temperaturanstieg zwischen 2000 und 2016.

Die nächsten Jahre werden zeigen, inwieweit die definitiv zurückgehenden AMO/PDO-Indices sich erneut auch in den Lufttemperaturen Deutschlands widerspiegeln ... eine Voraussage der Werte ist momentan nicht möglich.

Die hinter den ozeanischen Zyklen stehenden Prozesse sind noch nicht verstanden, allenfalls Ansätze zur Deutung sind möglich. *Dass* allerdings auch weiterhin das ´auf und ab´ von AMO und PDO stattfinden wird, davon darf man ausgehen ... seit Jahrhunderten laufen diese Zyklen nachweislich ab (*), da wird sich „auf die Schnelle" vermutlich auch nichts wirklich Wesentliches ändern. Ziehen wir uns in Europa bis 2020/2030 also ein wenig wärmer an ... und kommen dann ab ca. 2030 wieder auf eine leichtere Kleidung zurück.

(*) Die ozeanischen Zyklen konnten anhand dendrochronologischer Untersuchungen bis min. in das 16. Jahrhundert zurückverfolgt werden.

Wichtig ist, zu verstehen, dass der Widerspruch zwischen dem CO_2-bedingten und dadurch allgemein von den Klimawissenschaften erwarteten Temperaturanstieg (der jedoch derzeit in Europa nicht vorhanden ist), und dem Postulat, dass diese fehlende Energie in den Ozeanen „versackt" sei (was im Nordatlantik nicht der Fall ist) gelöst werden kann ... wenn man akzeptiert, dass der atmosphärische und CO_2-abhängige Temperaturanstieg nur deshalb nicht wahrnehmbar ist, weil er von der Westwinddrift und dem damit verbundenen latenten Energietransport (d.h. dem derzeit tendenziell und relativ „negativen" Wärmetransport!) überdeckt wird. Der Temperaturanstieg/der Klimawandel ist zwar „da", aber er ist derzeit so in Europa nicht wahrnehmbar, weil er von den ozeanischen Zyklen und deren (eben derzeit tendenziell negativen) „Temperaturübertragung" überlagert wird ... es findet eine Art Verrechnung statt, die den Klimawandel momentan maskiert.

7 Literatur

Albrecht, F. u.a. (2011): Determining sea level change in the German Bight. In: Ocean Dynamics 61(12):2037–2050

Alexander, M.A. u.a. (2008): Forecasting Pacific SSTs: Linear Inverse Model Predictions of the PDO. In: Journal of climate, 10, 2007

Balmaseda, M.a., Trenberth, K.E. und Källen, E. (2013): Distinctive climate signals in reanalysis of global ocean heat content. In: Geophysical Research letters, Vol. 40, 2013

Barcikowska, M.J. u.a. (2016): Observed and simulated fingerprints of multidecadal climate variability, and their contributions to periods of global SST stagnation. In: AMS, 2016

Bellomo, K. u.a. (2016): New observational evidence for a positive cloud feedback that amplifies the Atlantic Multidecadal Oscillation. In: Geophysical Research Letters, Vol. 43, 2016

Bindoff, N.L. u.a. (2007): Observations: Oceanic Climate Change and Sea Level. In: Climate Change 2007: The Physical Science Basis. Contribution of Working Group I to the Fourth Assessment Report of the Intergovernmental Panel on Climate Change, IPCC 2007

Bosse, F. & Vahrenholt, F. (2016): Die Sonne im Oktober 2016 und die Ozeane im „Klima"-Modell und der Realität. In: http://www.diekaltesonne.de/die-sonne-im-oktober-2016-und-die-ozeane-im-klima-modell-und-der-realitat/

Bubenzer, O. und Radtke, U. (2007): Natürliche Klimaänderungen im Laufe der Erdgeschichte. In: Der Klimawandel – Einblicke, Rückblicke und Ausblicke (Klimawandel). Humboldt-Universität, Berlin 2007

Cheng, W. u.a. (2013): Atlantic meridional overturning circulation (AMOC) in CMIP5 models: RCP and historical simulations.In: *J. Climate*, 26, 7187–7197.

Chikamoto, Y. u.a. (2016): Potential tropical Atlantic impacts on Pacific decadal climate trends. In: Geophysical Research Letters, 43, 2016

Chylek, P., Dubey, M.K., Lesins, G. (2014): Imprint of the Atlantic multi-decadal oscillation and Pacific decadal oscillation on southwestern US climate: past, present, and future. In: Climate Dynamics, 43, 2014

Compo, G.P. und Sardeshmukh, P.D. (2009): Oceanic influences on recent continental warming. Climate Dynamics, 32, 333-342

D´Aleo und Easterbrook, D. (2011): Relationship of Multidecadal Global Temperatures to Multidecadal Oceanic Oscillations. In: Evidence Based Climate Change Series, 2011, p.161-184

Dammschneider, H.-J. (2016): Wenn aus Wetterdaten „Klima" wird ...der Einfluss ozeanischer Zyklen aus PDO und AMO auf die Temperaturtrends der Schweiz. Schriftenreihe des Inst.f.Hydrographie, Geoökologie und Klimawissenschaften, Band 1 , Zug 2016

Dammschneider, H.-J. (2017): PDO und AMO ...der Einfluss ozeanischer Zyklen auf Temperatur- und Meeresspiegeltrends in Europa. In: Schriftenreihe des Inst.f.Hydrographie, Geoökologie und Klimawissenschaften, Band 2 , Zug 2017

Delworth, T.L. D.,Mann, M.E. (2000): Observed and simulated multi-decadal variability in the Northern Hemisphere. In: Clim Dyn 16,2000

Dijkstra, H.A., te Raa, L., Schmeits, M. et al. (2006): On the physics of the Atlantic Multi-decadal Oscillation. In: Ocean Dynamics 56, 2006

Füllemann, C., Begert, M., Croci-Maspoli, M., S. Brönnimann: 2011, Digitalisieren und Homogenisieren von historischen Klimadaten des Swiss NBCN – Resultate aus DigiHom, Arbeitsberichte der MeteoSchweiz, 236, 48 pp

Galbraith, E.D. u.a. (2007: Carbon dioxide release from the North Pacific abyss during the last deglaciation. In: Nature, 449, 2007

Gouretzki, V. u.a. (2012): Consistent near-surface ocean warming since 1900 in two largely independent observing networks. In: Geophysikal Research Letters 39, 2012

Gulev, S.K., Latif, M. u.a. (2013): North Atlantic Ocean Control on Surface Heat Flux at Multidecadal Timescales. In: Nature, 499, 464-467, doi: 10.1038/nature12268

Han, Z. u.a. (2016): Simulation by CMIP5 models of the atlantic multidecadal oscillation and its climate impacts. In: Advances in Atmospheric Sciences, v. 33, no. 12, p. 1329-1342.

IPCC (2014): Fifth Assessment Report, AR5, Genf 2014

Ishii, M. u.a. (2006): Steric Sea Level Changes Estimated from Historical Ocean Subsurface Temperature and Salinity Analyses. In: Journal of Oceanography, Vol. 62, 2006

Jacobeit, J. (2007): Zusammenhänge und Wechselwirkungen im Klimasystem. In: Der Klimawandel – Einblicke, Rückblicke und Ausblicke. Humboldt-Universität, Berlin 2007

Klöver, M., Latif, M. u.a. (2014): Atlantic meridional overturning circulation and the prediction of North Atlantic sea surface temperature. In: Earth and Planetary Science Letters, 406, 2014

Knudsen T.R. u.a. (2016): Prospects for a prolonged slowdown in global warming in the early 21st century. In: Nature Communication 7, 2016

Kurtz, B.E. (2015): The Effect of Natural Multidecadal Ocean Temperature Oscillations on Contiguous U.S. Regional Temperatures. In: PLOS One, http://journals.plos.org/plosone/article?id=10.1371/journal.pone.0131349

Latif, M., Roeckner, E. u.a. (2004): Reconstructing, Monitoring, and Predicting Multidecadal-Scale Changes in the North Atlantic Thermohaline Circulation with Sea Surface Temperature. In: Journal climate, 17, 2004

Latif, M., Boening, C.W. u.a. (2006): Is theThermohaline Circulation Changing? In: Journal of Climate, 19, 2006

Levitus, S. u.a. (2005): Warming of the world ocean, 1955–2003. In: Geophysical Research Letters, Vol. 29, 2005

Levitus, S. u.a. (2012): World Ocean heat content and thermosteric sea level change (0-2000m), 1955-2010. Geophys.Res.Letters 39, 2012

Li, Andy K. u.a. (2016): The changing influences of the AMO and PDO on the decadal variation of the Santa Ana winds. In: Environ. Res. Lett. 11, 2016

Lyman, J.M. & Johnson, G.C. (2014): Oceanography: Where's the heat? In: Nature Climate Change 4, 956–957, 2014

Lyman, J.M. und Johnson, G.C. (2013): Estimating Global Ocean Heat Content Changes in the Upper 1800m since 1950 and the Influence of Climatology Choice. In: Joint Institute for Marine and Atmospheric Research, University of Hawai' and NOAA/Pacific Marine Environmental Laboratory, Seattle, Washington, 2012)

Mauritzen, C. u.a. (2012): Importance of density-compensated temperature change for deep North Atlantic Ocean heat uptake. In: Nature Geoscience, 10, 2012

McCarthy, G.D. u.a. (2015): Ocean impact on decadal Atlantic climate variability revealed by sea-level observations. In: Nature 521, 508–510, May 2015

Meehl, G.A. u.a. (2013): Externally Forced and Internally Generated Decadal Climate Variability Associated with the Interdecadal Pacific Oscillation. In: Journal of climate, Vol. 26, 2013

Meehl, G.A. u.a. (2016): Contribution of the Interdecadal Pacific Oscillation to twentieth-century global surface temperature trends. In: Nature Climate Change 6, 2016

Nathan J. Mantua u.a. (1997): A Pacific interdecadal climate oscillation with impacts on salmon production. *In: Bulletin of the American Meteorological Society*. Volume 78, Nr. 6, 1997

Nathan J. Mantua, Steven R. Hare (2002): The Pacific Decadal Oscillation. *In:* Journal of Oceanography. Volume 58, Nr. 1, 2002, S. 35–44

Orgeville, Marc und Peltier, W.R. (2007): On the Pacific Decadal Oscillation and the Atlantic Multidecadal Oscillation: Might they be related? In: GEOPHYSICAL RESEARCH LETTERS, VOL. 34, 2007

Petit, J.R. u.a. (1999): Climate and atmospheric history of the past 420.000 years from the Vostok Ice core, Antarctica. In: Nature, 399, 1999

Piecuch, C.G. und Quinn, K.J. (2016): El Nino, La Nina and the global sea level budget. In: Ocean Science, 12, 2016

Quadfasel, D..(2005): The Atlantic heat conveyor slows. In: *Nature* 438, 2005

Ray, R.D. & Douglas, B.C. (2011): Experiments in reconstructing twentieth-century sea levels. In: Progress in Oceanography, Vol. 91, 2011

Reintges, A., M. Latif, W. Park (2016): Sub-Decadal North Atlantic Oscillation variability in observations and the Kiel Climate Model. In: Climate Dynamics, http://dx.doi.org/10.1007/s00382-016-3279-0

Roemmich, D. (2012): New Comparison of Ocean Temperatures Reveals Rise over the Last Century. In: Scripps Institution of Oceanography, San Diego 2012

Scafetta, N. (2013): Multi-scale dynamical analysis (MSDA) of sea level records versus PDO, AMO, and NAO indexes. In: Climate Dynamics, 43, 2013

Semenov, V., Latif, M., Dommenget, D. u.a. (2010): The impact of North Atlantic–Arctic multi-decadal variability on Northern Hemisphere surface air temperature. In: J. Clim 23, 2010

Svensmark, H.& Friis-Christensen, E. (1997): Variation of cosmic ray flux and global cloud coverage—a missing link in solar-climate relationships. In: Journal of Atmospheric and Solar-Terrestrial Physics, Volume 59, Issue 11, July 1997, Pages 1225-1232

Tootle, G.A. , Piechota, Th.C. (2006): Relationships between Pacific and Atlantic ocean sea surface temperatures and U.S. streamflow variability. In: WATER RESOURCES RESEARCH, 42, 2006

Willis, J.K. u.a. (2004): Interannual variability in upper ocean heat content, temperature, and thermosteric expansion on global scales. In: Journal of Geophys.Research, Vol. 109, 2004

Wu, S., Liu, Z. u.a. (2011): On the observed relationship between the Pacific Decadal Oscillation and the Atlantic Multi-decadal Oscillation. In: Journal Oceanography, 67, 2011

Wunsch, C. und Heimbach, P. (2014): Bidecadal Thermal Changes in the Abyssal Ocean. In: Journal of Physical Oceanography, 44, 8, 2014

www.climate4you.com (Daten zu Temperaturen, OHC, Oszillationen etc. aus NOAA u.a.)

www.icecap.us/images/uploads/US_Temperatures_and_Climate_Factors_since_1895.pdf

Wyatt, M.G., Kravtsov, S. and Tsonis, A.A. (2012): Atlantic Multidecadal Oscillation and Northern Hemisphere's climate variability. In: Climate Dynamics, 38, 2012

Zhang, R. and Delworth, T. (2006): Impact of Atlantic multidecadal oscillations on India/Sahel rainfall and Atlantic hurricanes. In: Geophysical research letters, Vol. 33, 2006

Anmerkung zur Methodik

Der Verfasser nimmt bewusst keine rechnerisch-statistischen Korrelationen zwischen den ozeanischen Zyklen und den Trends der europäischen Lufttemperaturen vor. Es erfolgt ausschliesslich eine rein grafische Gegenüberstellung des Verlaufs der kombinierten PDO/AMO (nach Zeitabschnitten) mit jenen der Lufttemperaturen festländischer Stationen in Europa bzw. Nordamerika.

Die Trends sind in ihrem linearen Verlauf dargestellt, die Festlegung der Zeitintervalle erfolgte nach den relativen Maxima/Minima der ozeanischen Zyklen. Die Achseneinteilung der Grafiken ist in Grad C vorgenommen worden, die Indices der ozeanischen Zyklen sind dabei in der gleichen Abstufung aufgetragen wie jene der Lufttemperaturen.

Den vergleichenden Arbeiten von D´Aleo&Easterbrook (2011) wurden fachliche Vorwürfe gemacht, da die von diesen Autoren durchgeführten AMO/PDO/Lufttemperatur-Korrelationen aufgrund von „smoothing"-Verfahren eventuell unzulässig seien. Der Verfasser möchte daher nochmals betonen, dass die im vorliegenden Text aufgeführten Grafiken etwas anderes machen, nämlich nichts weiter, als die jeweiligen linearen Trends der AMO/PDO jenen der Lufttemperaturen ausgewählter Stationen *gegenüber zu stellen*.

Es erfolgt also, wie bereits betont, keine rechnerische Korrelation, sondern ein rein grafischer Vergleich … die „Enge" einer Beziehung herzustellen, wird bewusst dem Auge des Betrachters überlassen.

Hiermit wird kein Ursache-Wirkung-Vergleich durchgeführt, sondern ausschliesslich dargestellt, *dass* es eine Beziehung zwischen den ozeanischen Zyklen und den Lufttemperaturen Europas gibt.

Für die Auswahl der Betrachtungszeiträume etc. siehe auch www.ifhgk.org (Schriftenreihe und dort „Erläuterungen zu Band 2").